奇岩の世界

YAMADA HIDEHARU 山田英春 編
THE WORLD OF KIGAN

創元社

カンザスのマッシュルーム岩　Mushroom Rock, Ellsworth County, Kansas, USA　カンザス州北部にあるキノコのような岩。高さ約6m、約10億～6億年前ほどに形成されたダコタ砂岩層が侵食・風化したもの。▶38°43'36.5"N 98°01'50.1"W

はじめに

　本書に掲載した写真は、一部人の手で補修や加工が施されているものはあるが、基本的に全て天然の、自然にできた岩の形を写したものだ。面白い形の岩として、行列ができるほど多くの見物客を集めるものもあれば、人のほとんど訪れることのない砂漠の果てにひっそりと立っているものもある。

　岩は、私たちが日常目にすることの少ない、地球のむき身の姿だ。火山活動や土砂の堆積、大陸の移動、侵食といった、万年、億年単位の出来事の積み重なりが、土や植物や舗装などに覆われることなくあらわになっている。

　岩の姿は刻々と変化している。風化によって、少しずつ消えていく途中のものもあれば、突然の崩壊や環境の変化で、劇的に現れるものもある。砕けて細かい粒になったものが、海の底に堆積して再び大きな岩の塊になり、数万年後にはまた「奇岩」と呼ばれるような姿になるかもしれない。ここに紹介した岩の写真は、生き物の世界とは比べものにならないほどの長いスパンで変化している、地球の素顔の一瞬の様子をとらえたものだ。異様な、見慣れない顔の連続だが、それぞれの岩がそれぞれの場所の、長く激しい過去を語っている。

リビア南西部の奇岩地帯　Magadet Desert, Ghat, Libya　サハラ砂漠、アルジェリアのタッシリ・ナジェール（77頁）と続くエリア。▷24°52'18.9"N 10°38'12.0"E

本書では、地域別、岩の種類別などではなく、おおまかに4つのタイプに分けて岩を紹介した。まるで彫刻作品か建造物の廃墟のように見える岩を集めた「砂漠の彫刻、天空の建築」、地球ではない、SF映画の場面のような印象の岩のある風景の「異星の谷、失われた世界」、重力に逆らうかのような状態で止まっている岩の姿を集めた「驚異のバランス」、奇岩・巨岩が住居に、墓に加工された姿を紹介する「岩に住む、岩に眠る」、神聖な、あるいは邪悪なイメージ、物語を与えられた岩の「魔の山、神々の庭」──。「奇岩」は人に発見され、「おかしな岩だね」「こんな風に見えるね」と言われて初めて「奇岩」になる。私なりのイメージで分類してみた。北極圏から南極の島まで、驚きに満ちた、数々の地球の「異貌」を楽しんでいただければと思う。

山田英春

【凡例】
本書掲載の写真は、一部は編者が撮影したものだが、多くはロイヤリティー・フリーのものを使用し、著作権表示は省略している。撮影者を明示すべきものに関しては、巻末に記載している。解説文は特にことわりのないかぎり、それぞれの頁で最も大きく掲載している写真に対してつけているものだ。解説文の末尾に緯度・経度を示す数値が入れてある。これはネット上の地図のサイトやGoogle Earthなどのソフトウェアで、実際にどのような場所にあるのか見ていただくために入れたものだ。ただし、岩の多くは砂漠や山の中など、位置が特定しにくい場所にあるため、かならずしも掲載している岩をピンポイントで示しているわけではない。特に、場所が特定しにくいものに関しては座標の頭に白い▷印を付けている。このエリアのどこかにあるはず、という程度のものと考えていただければと思う。

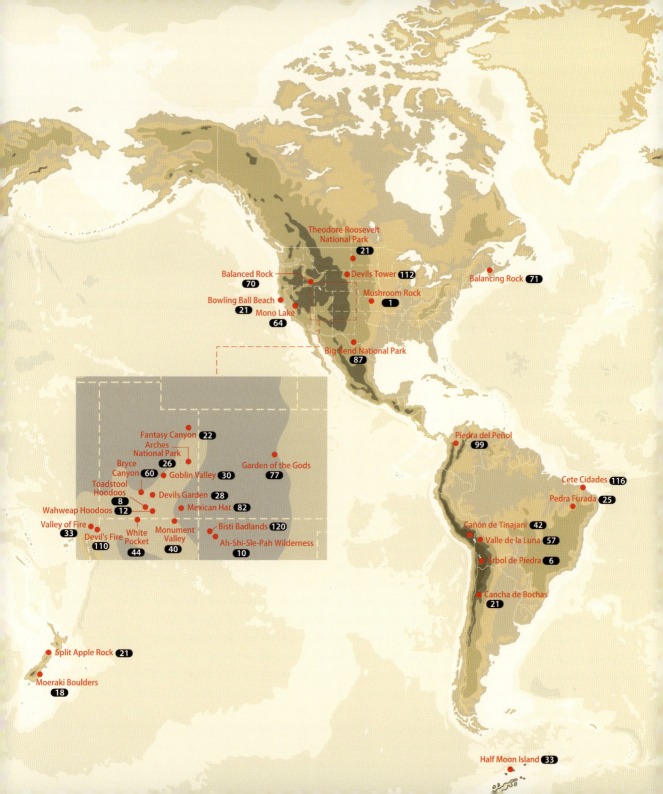

砂漠の彫刻、天空の建築

砂漠に生えるキノコのような石柱、
現代彫刻家が戯れに造った彫像のような岩塊、
山上の廃墟のような形の岩──。
水と風と熱と大地の運動が
長い時間をかけて、巧まずして作り上げたものだが、
どこかに何らかの人為を感じてしまうような、
奇妙な「作品」群を紹介する。

Árbol de Piedra
シロリ砂漠の石の木
Siloli Desert, Potosi, Bolivia

南米ボリビアの南西の端、チリとの国境も近い場所に広がるシロリ砂漠は、南米中西部、アンデス山脈の西側に広がる広大なアタカマ砂漠の一部だ。世界で最も乾燥した場所であり、極端な寒暖の差のある「死の世界」だったが、火山や色とりどりのラグーンがあるエドゥアルド・アバロア国立アンデス自然保護区への入り口でもあり、冠水によって広大な「鏡面」が出現するウユニ塩湖にも近いため、今では多くの観光客が訪れる。長い年月風に削られてできた砂岩の奇岩群が特徴だが、高さ約7mの「石の木」はシンボル的存在だ。▶22°03'07.0"S 67°52'59.7"W

Toadstool Hoodoos
パリアのキノコ岩
Paria, Kane County, Utah, USA

Toadstoolとはキノコ、特に毒キノコを指す言葉で、Hoodoo（フードゥ）は一般的には疫病神、不吉な人影などを意味するが、アメリカ南西部の砂漠地帯では柱状の奇岩を指す。どこか不吉なネーミングのこの岩は、ユタ州南部に広がる広大な堆積層の台地グランド・ステアケース＝エスカランテ国定公園の中にある。グランド・ステアケース（巨大な階段）は約6億〜1億5千万年ほど前の堆積層が階段状に露出している地形だ。南端には有名なグランド・キャニオンがある。パリアは砂岩が侵食と風化によってキノコ状になった岩が並ぶエリアだが、特に背が高いのがこの岩だ。鉄分を多く含む層が赤く染まって、毒々しい印象がある。先住民パイユート族の言い伝えによると、これらのキノコ岩は彼らよりも前にこの地に住んでいた人びとが石化したものなのだという。
▶ 37°06'30.2"N 111°52'14.4"W

King of Wings and Hoodoos
翼石とキノコ岩
Ah-Shi-Sle-Pah Wilderness,
San Juan County, New Mexico, USA

アメリカ、ニューメキシコ州の西北部、チャコ渓谷の北に位置するアーシスレパー・ウィルダネスは、白亜紀後期の堆積層が浸食と風化でキノコ状の石柱が並ぶ奇観を作り出している場所だ。地名はナヴァホ族の「グレーの塩」を意味する言葉に由来するという。岩の中で特に異彩を放つのが、本書カバー表と本頁右上の「翼の王」だ。キノコ岩も翼石も、堆積層の中の比較的固い部分を残して、周囲と下部の柔らかい部分が削られてできた形だ。

▷36°09'02.0"N 107°55'39.2"W
翼の王▷36°10'16.0"N 107°58'21.5"W

Wahweap Hoodoos
白い幽霊
Wahweap, Kane County, Utah, USA

ワーウィープ・フードゥーはグランド・ステアケース=エスカランテ国定公園（8頁）の南の端にある。白い茎に茶色い傘と、本当にシメジかなにかのように見える「キノコ岩」だ。別名「白い幽霊」。上に乗っている茶色い岩は約1億年前の堆積層ダコタ砂岩、下の茎の部分は約1億6千万年前のエントラダ砂岩と、現ユタ州を恐竜が歩き回っていた時代に作られた地層だ。写真の場所は「静寂の塔」とも呼ばれている。アメリカ南西部で最も優美な印象のあるキノコ岩かもしれない。▶37°09'41.5"N 111°42'44.4"W

Ciudad Encantada
魔法にかけられた都
Cuenca, Castilla-La Mancha, Spain

シウダド・エンカンタダ（魔法にかけられた都）は、スペイン中部、歴史的城塞都市クエンカ近郊にある、背の高い松林の中に奇妙な形の岩が点在している場所だ。約9千万年前に形成された石灰岩の堆積層が隆起し、激しく侵食・風化してできた地形だ。堆積層に含まれる柔らかい石灰岩と硬い苦灰岩の風化の度合いが異なるため、このような歪な形の岩ができ上がった。「都」は写真のようなキノコ岩の他、亀、ワニ、象などに似た形の岩など、さまざまな奇岩であふれている。▶40°12'23.0"N 2°00'24.0"W

Sahara el Beyda
エジプトの白い砂漠
Farafra, New Valley Governorate, Egypt

エジプト西部の低地、ファラフラは石灰岩質の白い砂漠が広がる場所だ。オアシスもあり、一帯は国立公園になっている。この地のシンボルでもあるこの真っ白い白亜（チョーク）のキノコ岩は傍らにある鳥のような形の岩とセットになって、まるで彫刻作品のように見える。激しく吹きつける砂粒が長い年月をかけて岩を削り、作り上げた「作品」だ。
▶ 27°16'43.2"N 28°11'55.4"E

Côte de Granit Rose
バラ色の岩の海岸
Ploumanach, Bretagne, France

フランス北西部のブルターニュ地方の岩といえば、花崗岩の巨石を約3千個、延々と並べた新石器時代の遺跡カルナックの列石が有名だが、沿岸の町プルーマナックのCôte de Granit Rose（バラ色の花崗岩の海岸）もその独特な岩の景観で観光名所になっている。ほんのり赤味のある花崗岩の岩塊が連なるが、岩には独特な丸みがあり、どこか肉感的ともいえる柔らかい印象がある。サルバドール・ダリの絵に出てきそうな風景だ。人の顔のように見える岩（33頁）など、見る者の想像力を刺激するさまざまな形の岩がある。▷48°50'15.0"N 3°28'59.3"W

Moeraki Boulders
モエラキの石球
Koekohe Beach, South Island, New Zealand

ニュージーランド南島東岸のコエコヘ海岸には、直径50cm〜1mほどの石の球がごろごろと転がっている。巨大な生物が産み落とした卵かと見紛うような光景だが、これは太古の海中で生物の遺骸を核にしてできた石の球が、少しずつ大きくなっていった、コンクリーションという自然現象だ。モエラキのものは、球の中に方解石という鉱物の結晶が編み目状に入っている。先住民マオリ族はこの石球を、祖先がこの島に渡ってきた際に、船の浮きとして使っていた大きなひょうたんが石になったものだと考えていたという。▶45°20'43.1"S 170°49'35.0"E

石の球のある風景

前頁のモエラキの石球だけでなく、世界には自然にできた石の球が転がっている場所がたくさんある。多くはモエラキ同様、コンクリーションという自然の作用ででき上がったもので、それはかつてその場所が浅い海の底であったことを意味する。特に有名な場所を紹介する。❷のスプリット・アップル・ロック以外は全てコンクリーションだ。

❶チャムプ島　Champ Island, Franz Josef Land, Russia　▶80°37'33.5"N 56°33'27.3"E　❷スプリット・アップル・ロック　Split Apple Rock／Tasman Bay, South Island, New Zealand　▶41°01'05.9"S 173°01'13.0"E　❸ボーリングボール・ビーチ　Bowling Ball Beach／Mendocino County, California, USA　▶38°52'13.4"N 123°39'29.5"W　❹イシワラスト国立公園　Cancha de Bochas, Ischigualasto Provincial Park／San Juan Province, Argentina　▶30°07'01.2"S 67°54'04.8"W　❺球の谷　Valley of Balls／Shetpe, Mangystau region, Kazakhstan　▶44°19'20.3"N 51°35'45.3"E　❻ボスニアの石球　Zavidovići, Bosnia, Bosnia and Herzegovina　▶44°26'11.0"N 18°07'39.2"E　❼セオドア・ルーズベルト国立公園　Theodore Roosevelt National Park, North Dakota, USA　▶46°55'56.9"N 103°22'08.0"W

Fantasy Canyon
ファンタジーの谷
Uintah County, Utah, USA

アメリカ、ユタ州北東部にあるファンタジー・キャニオンほど、奇岩と呼ぶにふさわしい岩にあふれた場所はないだろう。わずか200m四方ほどのくぼ地の中に、ボロボロに風化した奇怪な砂岩の彫像がぎっしりと並ぶ。溶けた都市の廃墟のようでもあり、太古の巨大生物の骨が積み上がった墓場、その骨を組み合わせてつくった奇妙な人形群のようでもある。1909年にこの地を探検したアール・ダグラスは「悪魔の遊び場」「ハデス（冥府の王）の穴」と呼んだ。彼だけでなく、開拓時代にここに迷い込んだ者は、岩が軋みながら今にも動き出しそうな恐怖を覚えたに違いない。

▶40°03'26.6"N 109°23'36.0"W

Calanques de Piana
コルシカ島のハート
Gulf of Porto, Corsica, France

地中海の島コルシカはナポレオンの故郷として知られる。島西北のポルト湾周辺は赤い花崗岩の奇岩が並ぶ独特な地形で、ユネスコの世界遺産にも認定されている。岩は潮風で激しく風化している。穴が空いた岩が多いが、これは岩の表面の細かな空隙に塩分が溜まり、結晶化して体積が増えることで少しずつ岩を砕いていったものだ。
▶42°14'43.5"N 8°39'12.7"E

Pedra Furada
カピバラ渓谷の穴空き石
Parque Nacional da Serra da Capivara, Piauí, Brazil

ブラジルのカピバラ渓谷国立公園は、考古学的に非常に重要な場所だ。氷河期の終わりにモンゴロイドが到達するよりずっと前に、別ルートで人間がアメリカ大陸に来ていたことを示す遺物が数多く発見されている。深く侵食されたダイナミックな地形が独特だが、公園のシンボルといえるのが、このペドラ・フラーダ（穴空き石）だ。近辺には約3万年前にまで遡る岩絵が数多く残っている。
▶8°50'01.9"S 42°33'13.1"W

Moon Hill
月亮山
中華人民共和国、広西チワン族自治区、桂林

中国・桂林は広大なカルスト地形で、塔のような石灰岩の山の連なる景勝地として有名だ。月亮山は逆光で山体を見ると丸い穴がまるで夜空に浮かんだ月のように見えるというので、この名がつけられた。穴の背後には低い丸い山があり、その山頂部が穴にかかるため、見る場所によって穴が三日月にも半月にも見えるという。
▶24°43'33.8"N 110°28'23.2"E

Arches National Park
岩のアーチの世界
Grand County, Utah, USA

アメリカ、ユタ州東部のコロラド高原内、面積約309km²のアーチーズ国立公園は、その名のとおり、園内に鉄分を多く含んだ赤い砂岩の岩のアーチが約2千もある非常にダイナミックな地形だ。世界で最も天然の岩のアーチが密集している場所と言われている。約3億年前に形成された分厚い岩塩層が、その後数百万年、上部に積み重なっていった堆積層の重みによって歪み、沈下し、あるいは岩塩ドームとなって地表に突出するなどして、複雑な地形を作り出した。アーチだけでなく、屏風のような岩、キノコ型の岩、細長い石柱の上に大きな岩が乗っているバランス岩（79頁）などがある。風化が進んでいて、1977年以降、43のアーチが崩落したと言われている。

左上はデリケート・アーチという、アーチーズ国立公園のシンボル的存在だ。高さ約18mのアーチは高台の上の断崖に近い場所にあり、均整のとれたアーチと、背景の雄大な空と山並みのバランスはまさにフォトジェニックで、多くの観光客を集める。2002年のソルトレーク冬季オリンピック大会で、聖火ランナーがこのアーチをくぐったことでも話題になった。▶38°44'36.6"N 109°29'57.5"W　左下はノース・ウィンドーと呼ばれる穴あき岩から見たタレット・アーチ。公園の南の方にある。▶38°41'03.6"N 109°32'05.3"W　上はランドスケープ・アーチと名付けられたもので、世界で5番目に大きな自然の岩のアーチとされている。長さ90m弱ある。4位までは全て中国の岩で、比較すべき情報がなかった近年まで世界最大と考えられていた。▶38°47'26.3"N 109°36'26.8"W

Devils Garden
悪魔の庭
Grand County, Utah, USA

アメリカ、ユタ州には「悪魔の庭」という名の場所が二つある。ひとつは前頁のアーチーズ国立公園のランドスケープ・アーチのあるエリアで、こちらの方が有名だが、グランド・ステアケース＝エスカランテ国定公園（8頁）内にあるデヴィルズ・ガーデンも小規模ながらキノコ岩やアーチ（左）があり、変化に富んだ地形だ。特に印象的な姿なのが上の四つの頭像のような岩だ。「悪魔の」という名がこうした顔のように見える岩からつけられたものなのかはわからないが、一番右のものなど、あごひげを生やした、エイブラハム・リンカーンの横顔のようにも見える。
▶37°35'06.3"N 111°24'51.5"W

Alien Throne
エイリアンの玉座
Valley of Dreams, Ah-Shi-Sle-Pah Wilderness,
San Juan County, New Mexico, USA

10頁で紹介したアーシスレパー・ウィルダネスの中に「夢の谷」と呼ばれるエリアがある、「夢」といっても、見たところこれは甘美な夢ではなく、どちらかというと悪夢のようだ。いびつに節くれ立った奇怪な岩が林立している。特に個性的なのが、この巨大なトロフィーのような、あるいは椅子のような岩だ。まるでH.R.ギーガーがデザインしたように見えるというので、「エイリアンの玉座」と呼ばれている。
▶36°08'56.1"N 107°58'49.6"W

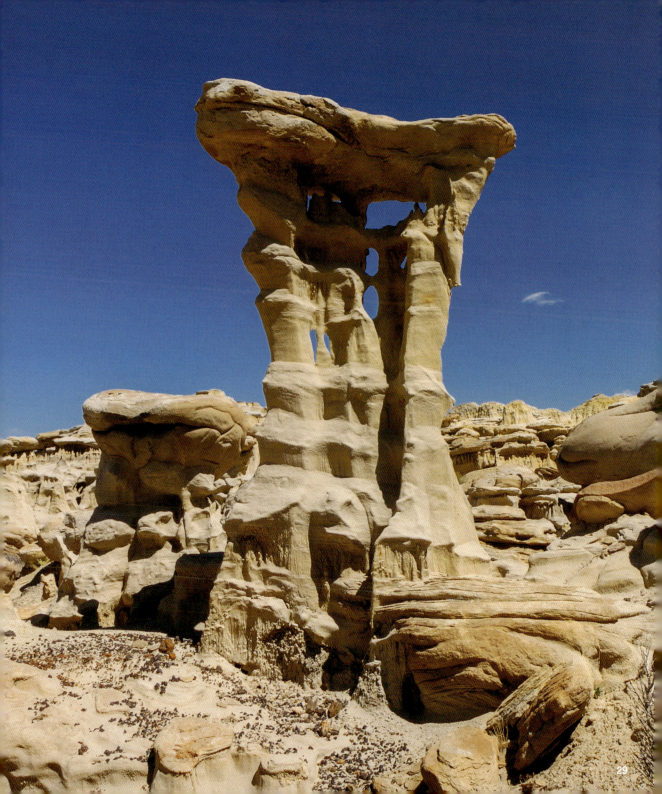

Goblin Valley State Park
ゴブリンの谷
Emery County, Utah, USA

ユタ州中南部のサン・ラファエル砂漠の南西の縁にあるゴブリン・ヴァレー州立公園は、数千ものフードゥー（キノコ岩）が密集している場所だ。公式に初めて記録に残されたのは1920年代と比較的新しい「発見」といえる。その名のとおり、くぼ地に小さなキノコ岩が並び、これがまるで土中から生まれ出てきた無数のゴブリン（小鬼）のように見える。キノコ岩が密集した場所から少し離れた、谷への入り口付近にある右の岩は不思議な冠をいただいた彫像のような、チェスの駒のような風情がある。スリー・シスターズと呼ばれているが、確かに頭飾りをつけた女性のようにも見える（126頁の写真も参照）。
▶38°34'35.1"N 110°40'58.1"W

世界の人面岩

木のコブが、動物の体の模様が、人物写真の背景の木立の陰影が、どうしても人の顔に見えてしまうというのはよくあることだ。カメラの「顔認識」機能のように、私たちの脳にはある種の要素が揃った形象を「顔」と判断する回路があり、これはシミュラクラ、パレイドリアなどと呼ばれる。偶然に出来た形で、意味のあるものではないとわかっていても、私たちは「似ている」ことが気になってしかたない。

❶女王頭　中華民国（台湾）、新北市、野柳地質公園　▶25°12'31.7"N 121°41'35.1"E ❷ルーマニアのスフィンクス Bucegi Mountains, Romania ▶45°24'29.9"N 25°28'13.1"E ❸南極の巨人 Half Moon Island, Antarctica ▷62°35'40.1"S 59°55'11.3"W ❹❿ブルターニュの人面岩　Ploumanach, Bretagne, France（16頁）❺アーチーズ国立公園の人面岩　Arches National Park, Utah, USA（26頁）❻リビア南西部の立像 Magadet Desert, Libya（2頁参照）❼ブルガリアの「石の森」Pobiti Kamani, Varna, Bulgaria　▶43°13'35.0"N 27°42'24.0"E ❽火の谷の人面岩　Valley of Fire State Park, Nevada, USA ▷36°28'59.9"N 114°32'34.6"W ❾廬山の人面岩　中華人民共和国、江西省、九江市 ▷29°33'52.0"N 115°57'21.5"E

Trovanty
成長する石トロヴァンティ
Ulmet, Buzău, Romania

ルーマニア中南部にはトロヴァンティと呼ばれる「成長する石」がある。丸い、あるいはひょうたんのような形の石で、ビー玉サイズから大きなものは一抱えもあるような巨大なものだが、雨にあたると大きく成長し、子どもを生むことさえあるのだと言われてきた。ヴルチャ地方のコステシュティ村の野外博物館にあるもの（上2点）が最も有名だが、これは19頁で紹介したコンクリーションの一種で、かつてこの地が比較的浅い海だった頃、堆積物の中で生物の遺骸を核に化学的な接着効果で形成されたものだ。その時点では確かに岩は「成長」していたのだ。岩を割ると年輪のような成長の跡があり、これを見た者が、木のように生きていると直観したのかもしれない。また、雨によって風化した岩塊から小さなトロヴァンティが転がり出た様を見た者が、「石が生まれた」と思ったのかもしれない。トランシルヴァニア地方では墓に小さなトロヴァンティをそなえ、平穏な来世を願う風習があったという。▶45°22'06.8"N 26°27'52.1"E
コステシュティ村▶45°08'15.9"N 24°04'09.7"E

Phone Arch
サハラの電話機
Tamanrasset Province, Algeria

「ここは地の果てアルジェリア」というのは、1960年代にヒットした曲「カスバの女」の歌詞だが、地中海沿岸の町カスバのずっと南、サハラ砂漠の岩峰連なるホガール山地（写真右上）よりもさらに南の、マリ、ニジェールとの国境に近いエリアに、この岩はある。どのようなプロセスを経るとこのような妙な形になるのか不思議だが、おそらく中央の下の部分が層の分かれ目で割れて崩落し、上だけがブリッジ状に残ったのだろう。「電話機アーチ」というあだ名があるが、どこか砂漠に放置された宇宙船の表面が砂岩に覆われたような形にも見える。
▷20°53'57.5"N 4°01'47.9"E

Gog and Magog
ゴグとマゴグ
Port Campbell National Park, Victoria, Australia

オーストラリア南東部、ヴィクトリア州の南岸は、高さ60〜70mのほぼ垂直に切り立った石灰岩崖が続くポート・キャンベル国立公園だ。岩のアーチや洞窟のような入り江がある景勝地になっている。崖上の道路から「ギブソン階段」という名の細い歩道で浜に降りると、目の前にあるのがこの「ゴグとマゴグ」の岩だ。新約聖書の黙示録に登場する神に敵対する者の名だが、特にいわれがあるわけでもない。高さは50mにもおよぶ。隣の浜には「12使徒」と呼ばれる岩山群があり、こちらも有名だが、風化による崩壊が進み、現在「使徒」は8人になってしまった。「邪悪な」ゴグとマゴグの方は見たところどっしりとしていて、当分倒れることはなさそうだ。▶38°40'05.9"S 143°06'26.8"E

Hvítserkur
水を飲む竜の岩
Vatnsnesvegur, Iceland

アイスランドの北岸にあるクヴィートセルクルは遠浅の海に立つ板状の、屏風のような花崗岩だ。アイスランドはユーラシアプレートと北アメリカプレートの境界上にあり、活発な火山活動が続いてきた。この岩は、火山内部のマグマの通り道が固まり、後に山体が侵食で失われることで地表に現れた、火山岩頸と呼ばれる岩の一種だ。竜が水を飲んでいる姿に見えるというので、観光名所のひとつになっている。岩は薄いので、崩壊をおそれた地元の人たちによって基部が補強されている。クヴィートセルクルとはアイスランドの言葉で「白いシャツ」の意だ。海鳥の糞で岩肌が白くなっていることを指しているのだという。▶65°36'22.7"N 20°38'06.9"W

異星の谷、
失われた世界

SFというジャンルが始まって以来、画家たちは高く切り立った崖や奇怪な形の岩が連なる「異星の風景」を描いてきた。
我々の住む星ではない、という異質性を地形の極端さ、異様さに求めたのだ。
だが、そのモデルの多くは『ナショナル・ジオグラフィック』などのグラフ誌が多く紹介してきたであろう
ユタ州、アリゾナ州、ニューメキシコ州などの地形だった。こうした場所こそが「異なる星」の景色そのものだった。

Monument Valley
記念碑の谷
Monument Valley, Navajo Nation, Utah, Arizona, USA

モニュメント・ヴァレーはアメリカ、ユタ州南部とアリゾナ州北部にまたがる赤い砂漠地帯だ。ナヴァホ族の準自治領内にある。メサ（頂部の平坦な岩山）やビュート（孤立した丘）が、まるで何かのモニュメント（記念碑）のように見えるというので、この名がつけられた。アメリカで最も人里離れた場所のひとつだが、昭和30年代生まれくらいまでの層には馴染み深い。J.フォード監督の『駅馬車』(1939)をはじめ、数多くの西部劇映画の舞台になったからだ。『バック・トゥ・ザ・フューチャー PART3』(1990)で主人公が西部開拓時代の過去にタイムトラベルする場面でも使われていたところをみると、西部劇のステロタイプとして意識に焼きついているのは当のアメリカ人も同じかもしれない。一方で、この地形は、S.キューブリック監督の『2001年宇宙の旅』(1968)で、主人公が時空を超えてたどり着く異星の風景としても使われている（加工されているが）。写真はハンツ・メサという岩山の上からのパノラマだが、SF映画の中の異星の景観だと言われても違和感はないかもしれない。▶36°53'35.0"N 110°04'18.5"W

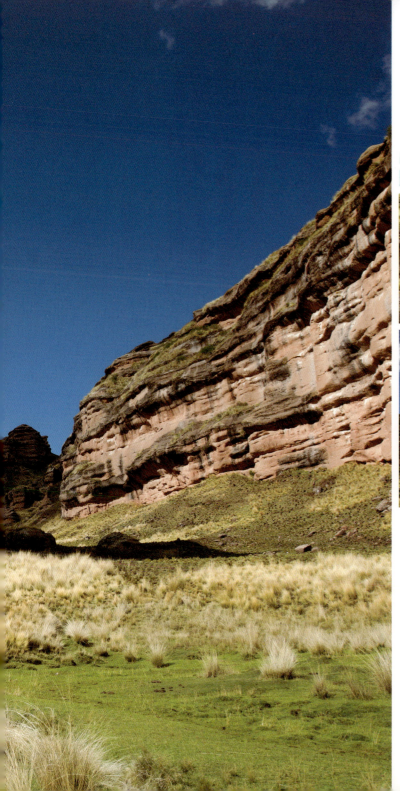

Cañón de Tinajani
ティナハニ渓谷
Melgar Province, Peru

ペルーの南東の端、標高3800mを超える高地にあるチチカカ湖は観光客でいっぱいだが、その北西80kmほどにあるティナハニ渓谷を訪れる人はさほど多くない。赤い砂岩の層が深く侵食した渓谷で、タワー状の奇岩がそびえ立つダイナミックな景観だ。この場所は先住民にとって異界への入り口とされた神聖な場所で、泥で作った猫ちぐらのような形の墓が岩陰に並んでいる。インカ帝国以前のもので、近年までミイラが入ったままになっていたという。普段は索漠としたひと気のない場所だが、毎年6月には国際ダンス・フェスティバルが開催され、近隣諸国からも大勢の人が集まる。
▶15°00'43.1"S 70°35'00.9"W

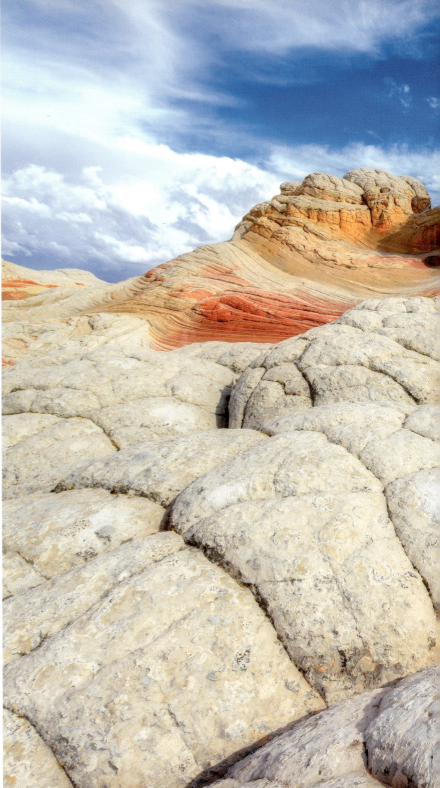

White Pocket
ホワイトポケット
Coconino County, Arizona, US

バーミリオン・クリフ・ナショナル・モニュメントは、アメリカ、アリゾナ州北縁のパリア高原を中心としたエリアだ。赤い砂岩の表面を縞模様が美しく波打つ場所ザ・ウェーブの映像を、CMなどで見たことがある人も多いだろう。ここは2009年に発売されたWindows 7の壁紙に使われたことで、来訪者が激増し、今は保護のため、1日20人しか立ち入ることができない。一方、このザ・ウェーブの少し東に、真っ白いメロンパンのような表面の岩山が連なる場所があることはあまり知られていない。それがホワイトポケットだ。赤い谷も白い丘も、いずれも「非地球的」な風景だ。
▶36°57'24.1"N 111°53'55.1"W

James Bond Island
ジェームズ・ボンド・アイランド
Khao Phing Kan, Phang Nga Bay, Phuket, Thailand

「ジェームズ・ボンド・アイランド」で調べると、この入り江に立つ細長い岩山の写真が出てくるが、これはタプー島という岩山を「ジェームズ・ボンド島」であるピンカン島のビーチから撮った写真だ。007シリーズの映画『黄金銃を持つ男』(1974) と『トゥモロー・ネバー・ダイ』(1997) の2作のロケに使われている。タイ南部西岸のパンガー湾にあり、有名な観光地プーケット島の北東に位置する。タプー島は高さ20mほどの石灰岩で、下部が細くアンバランスで、上部に青々とした木が生えているため、どこか景観作製ソフトで作ったかのような、作り物のような印象がある。地元の伝説によれば、この近くにかつて腕の良い漁師が住んでいて、ある日、魚が全くとれず、網を投げるたびに同じ釘が網にかかるので、怒って釘を二つに切って海に投げたところ、この岩山になったのだという。▶8°16'28.0"N 98°30'02.8"E

Tassili Ahaggar
ホガール山地の奇岩群
Tassili Ahaggar, Tamanrasset Province, Algeria

アルジェリアの南部、ホガール山地周辺は、その地理的、歴史的価値を保護するため国立公園に指定されている。山脈の中心部は風化した火山岩の峰が岩肌もあらわに険しく連なるが、周辺は激しく風化して趣ある形になった岩塊が、広大な砂の海に浮かぶ小島のように点在する、「異星的な」風景だ。
▷21°30'11.4"N 6°32'15.3"E

Tin Akacheker
サハラの奇岩城
Tassili Ahaggar, Tamanrasset Province, Algeria

アルジェリア南部のホガール山地（前頁）の南側のエリア、Tin Akachekerはアーチ状の奇岩が多いエリアだが、写真左の、岩の柱を束ねたような独特な岩山は「トゥアレグの城」とも呼ばれている。トゥアレグはモロッコ、アルジェリア、マリなど、国をまたいでサハラに広く暮らしてきた遊牧民だ。かつてはそうした遊牧民や隊商など、限られた人たちだけが見てきた不思議な風景は、旅行者や写真家たちから「サハラの宝石」とまで呼ばれるようになった。
▷ 21°38'60.0"N 6°26'47.6"E

photo ⓒSergei Karpukhin

Ulakhan-Sis Ridge
ウラハン・シスの奇岩群
Sakha (Yakutia) Republic, Russia

ロシアの北東サハ共和国、広大な永久凍土の広がるこの国の中の、人が足を踏み入れることのほとんどないウラハン・シス山脈の西側、レナ川流域に、花崗岩の奇岩の広がるエリアがある。この風景を初めて写真におさめたのは写真家のセルゲイ・カルプーヒン氏だ。彼は現地の生物学者が空から撮影した写真に興味をもち、2016年に撮影隊を編成、レナ川をボートで下り、約600kmにおよぶ探検行によって荒野に屹立する異様な石柱群を撮影、発表した。高さ10〜20mにもおよぶ朽ちた塔、あるいは奇怪な石像のような石柱群が点在する光景は大いに話題になり、2017年に未探査の場所を調べるべく再度撮影隊が編成された。▷69°21'29.5"N 148°21'30.7"E

Tsingy de Bemaraha
針の岩山
Melaky, Madagascar

ツィンギ・デ・ベマラハはマダガスカル島中西部に広がる、先端の尖った石灰岩が並ぶ針山のような場所だ。約1億8千万年前、マダガスカルがアフリカ大陸から分離しはじめたときから形成された、約300mもの分厚い石灰岩の層が隆起し、長い年月侵食を重ねてできた地形だ。何千、何万年にわたって雨水が刻んできた岩のひだはエッジが刃物のように研ぎ澄まされいる。また、堆積層内部にできた洞窟が崩落することで、岩の高さは100mにもおよぶものになった。ツィンギとは現地の言葉で「つまさき歩き」を意味する言葉に由来し、裸足では歩けないことを示しているという。岩山のふもとは細い迷路のような回廊になっている。広さ約1500k㎡の、広大な、比類のない「石の林」だ。急速に森林が失われているマダガスカル島で、キツネザルやカメレオンなどの固有種が生きる最後の楽園でもある。

▶ 18°53'53.6"S 44°49'47.6"E

Tsingy Rouge
赤いツィンギ
Diana, Madagascar

ツィンギ・ルージュ（赤いツィンギ）は、マダガスカル島北部、イロンド川近くにある、真っ赤な錐形の先端をもつ岩が連なる場所だ。これは鉄分とアルミニウムを多く含むラテライトと呼ばれるもので、硬度からすると岩というよりも土の塊というべきものだが、前頁のツィンギとの対比で取り上げておきたい。ツィンギが万年単位の侵食でできた景観であるのに対し、こちらは約60年ほど前から森林伐採により、土壌が流失し、地下から現れたものだ。急速な環境破壊によって生まれた景観といえる。これもいずれは風化して消えてしまうかもしれない。 ▶12°38'08.0"S 49°29'37.7"E

Valle de la Luna
月の谷
Pedro Domingo Murillo Province, La Paz Department, Bolivia

世界のあちこちに「月の谷」と呼ばれる場所がある。人里離れた、木の生えていない荒涼とした地で、しかも見慣れない奇岩のあるような場所だ。南米には少なくとも3つある。21頁の❹番で紹介したアルゼンチンのイシワラスト国立公園、チリのアタカマ砂漠、そして最も有名なのが、このボリビアのValle de la Luna、月の谷だ。アポロ11号で月面に降り立ったニール・アームストロングがここを訪れ、「月の谷」と命名したと言われている。彼が実際に見た月の景色は決してこんなものではなかったはずなので、名前をオーソライズしたということなのだろう。谷の中には見学用の遊歩道があり、ボリビアの首都ラパスの町から近いため、多くの観光客が訪れる。

▶16°34'02.9"S 68°05'38.6"W

Castildetierra
大地の城
Bardenas Reales, Navarra, Spain

バルデナス・レアレス自然公園はスペイン北東部ナバーラ州の南東の端に位置する半砂漠地帯だ。約6千万年前にまで遡る厚い堆積層が侵食されてできた、欧州らしからぬ、どこかアメリカ南西部かカッパドキア（90頁）を思わせる印象的な地形が広がっている。エリアは中央部に広がる「白バルデナ」、南東部の「黒バルデナ」「中央台地」の三つに分けられるが、土地の景観を代表するのは「白バルデナ」だ。独特な襞状の起伏のある土地の中に、土に覆われた城塞のような、または巨大なテントのようなCastildetierra（大地の城）がそびえる様はまさに「異星的」といえる。
▶42°12'36.9"N 1°30'57.0"W

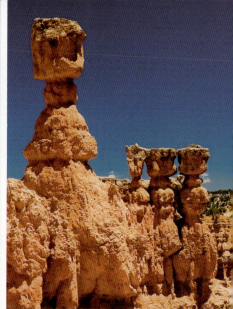

Bryce Canyon National Park
ブライスキャニオン
Bryce Canyon National Park, Utah, USA

ブライスキャニオンはユタ州南西部にある、深く侵食された円形のくぼ地だ。19世紀後半にこのエリアを開拓したモルモン教徒イベネザー・ブライスの名にちなんでいる。先の尖った岩が林立し、高い石柱は60mにもおよぶ。岩は鮮やかな赤、白に染められており、夕日に映えると美しい。寒暖差の激しい土地で、岩の表面の空隙に入った水分が冷えて霜や氷になると体積が膨張し、岩が細かく砕ける。この繰り返しが凹凸の多い独特な岩肌を生み、唯一無二の奇観を作り出している。
▶37°37′13.7″N 112°09′60.0″W

El Torcal de Antequera
トルカル・デ・アンテケーラの奇岩群
Málaga, Andalusia, Spain

スペイン南端のアンダルシア地方のさらに南の端、アンテケーラ市の南、地中海にもほど近い場所にあるトルカル・デ・アンテケーラは、約1億5千万年前の石灰岩の堆積層が隆起したカルスト地形だ。17km²ほどの狭いエリアだが、奇岩であふれている。特に、最上部にあるパンケーキを重ねたような形のものは、見る角度によってまるで薄い石のディスクが重力に逆らって浮いているように見える、不思議な形だ。エリアにはアンモナイトの化石があちこちで見られる。
▷36°57′05.2″N 4°32′41.0″W

Mono Lake
モノ湖
Mono County, California, USA

モノ湖はカリフォルニア州中東部の砂漠地帯にある塩分濃度の濃い湖だ。北米大陸はかつてカリフォルニアの東で裂けていて、浅い海が広がっていた。水はカルシウムを多く含み、これが湖底から湧く炭酸水と反応して炭酸カルシウムの結晶（石灰岩）となって沈殿、成長し、水中にトゥファと呼ばれる白い石柱を形成した。湖に流れ込む川の水をロサンゼルス市が水源として利用しはじめてから水位が下がり、水中のトゥファが高く露出したSFアートのような不思議な光景が生まれた。2010年、NASAがこの湖でヒ素を取り込んで増殖する微生物を発見し、これまでに考えられなかった未知の生命体として発表し、大きな話題になった。異星の生命体の可能性を強く示唆するものとして。だが、これには異論が多く提出され、今でも決着はついていない。この場所はイギリスのロックバンド、ピンク・フロイドのアルバム『Wish You Were Here（炎）』(1975) のアートワークに使われたことでも知られている。
▶38°00'25.0"N 119°00'42.0"W

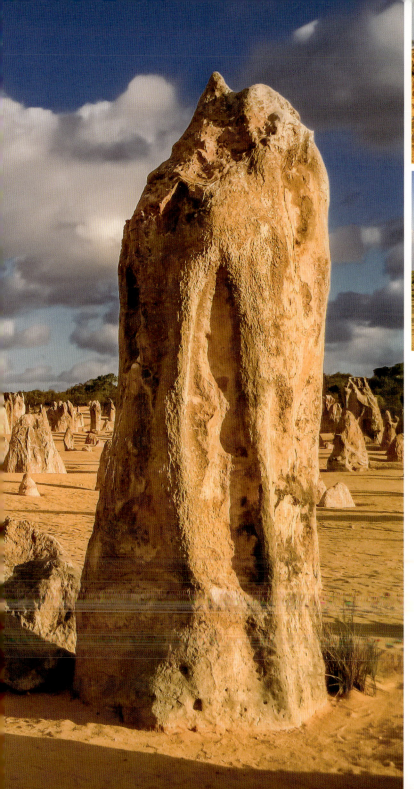

The Pinnacles
砂漠の棘ピナクルズ
Nambung National Park, Western Australia, Australia

オーストラリア西岸の大都市パースの北約100km、ナンバング国立公園内の1.9km²ほどの砂漠に、数千もの石灰岩の柱が、まるで大地の牙のように、棘のように「生えて」いる。ピナクルとは、先の尖った岩や山のことだ。「生えて」という表現は単なる比喩でもないかもしれない。この地形が生まれたプロセスには諸説あるが、植物を芯にするようにして石灰岩の柱が形成されたという説もあるからだ。オーストラリアには大きな石柱状のアリ塚をつくるシロアリが数種いるが、離れて見るとピナクルズは無数のアリ塚のようにも見える。世界に類のない奇景として年間約25万人もの観光客が訪れるが、比較的最近まであまり一般に知られていない場所だった。西オーストラリアの砂漠地帯は世界で最も暑い場所のひとつで、施設の全くなかった時代は非常に過酷で、容易に行けない場所だったのだ。

▶30°35'28.3"S 115°09'38.6"E

驚異のバランス

当たり前のことだが、岩は重い。
大きくなればなるほど、
強い力で地球に引っ張られているのだ。
そんな岩が、まるで重力に抗うかのような
姿を見せるとき、
私たちは胸騒ぎするような、
時にはわくわくするような感覚を覚える。
不思議なバランスで重力と絶妙な折り合いを
つけている岩の数々を紹介する。

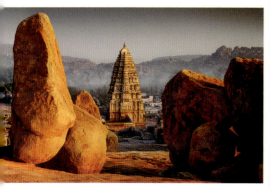

Balancing Rock of Hampi
ハンピのバランス岩
Hampi, Ballari, India

インド南部の町ハンピは14〜17世紀に栄えたヴィジャヤナガル王国の首都だ。壮麗なヴィルパークシャ寺院や階段井戸などの遺跡群はユネスコの世界遺産に認定されている。ハンピのもう一つの特徴は大きな丸みのある花崗岩の岩塊がごろごろしている場所であることだ。岩の一部は都の敷地内にあり、巨大な庭石のような趣をかもし出している。斜面から滑り落ちそうで止まっている岩がいくつかあるが、この岩のバランスは絶妙だ。
▷15°19'52.6"N 76°27'45.0"E

Balanced Rock of Idaho
アイダホのバランス岩
Twin Falls County, Idaho, USA

アメリカ、アイダホ州南部のサーモン・フォールズ・クリーク渓谷にあるバランス岩は、高さ約15m、重さ40トンと公式に説明されているが、それは地面から岩の天辺までで、上の岩は高さ7m強ほどのようだ。上下の岩のつなぎ目は幅約1.3mほどしかなく、いつ折れても不思議はないように見える。岩は流紋岩という硬い火山岩で、約1500年前に噴出したものと考えられている。
▶42°32'53.8"N 114°57'28.6"W

Balancing Rock of Nova Scotia
カナダの バランス岩

St. Marys Bay, Digby County, Nova Scotia, Canada

カナダの東端、ノヴァ・スコシア、ロング・アイランド西部のバランス岩の写真を初めて見る者は、いくらなんでもこれはないだろうと疑うかもしれない。また、岩壁が崩落する途中の一瞬を写したものだと思うかもしれない。だが、この岩はずっと前からこの状態を維持している。この長さ約9mの玄武岩の石柱は、下の岩盤と細い部分でつながっているのだが、この角度から見ると、まるで岩の端に乗ってバランスを保っているように見える。手前を見ると崩落した柱状の岩が多く転がっている。この岩が後何年この形を保てるだろうか。

▶44°21'46.3"N 66°13'27.4"W

Devils Marbles
悪魔のビー玉
Northern Territory, Australia

オーストラリア中央の広大な砂漠に巨大な花崗岩の丸い岩がごろごろと転がっている。それが「悪魔のマーブル（ビー玉）」の異名をもつ場所だ。この地は周辺の先住民から「丸い巨石」を意味する「カール・カール（Karlu Karlu）」と呼ばれている。複数の部族のドリームタイム（天地創造の時のさまざまな物語）が関係している聖地だと言われている。土地は先住民に返還されたが、99年間のリースという形で国に貸されており、現在一帯は保護区になっている。遮るものがない平坦な地に転がっている「ビー玉」は、日の出と日没時に赤く映え、多くの観光客を集める。
▷20°33'54.3"S 134°15'37.0"E

Krishna's Butterball
クリシュナのバターボール
Mahabalipuram, Tamil Nadu, India

インド南部、マハーバリプラムで、急斜面上部に巨大な丸い石が止まっている。「クリシュナのバターボール」と呼ばれるこの巨石は、推定およそ250トン、幅6m、高さ5mある。接地面積はごくわずかで、どうしてこれが転がり落ちないのか不思議というほかない。20世紀初頭、イギリス人の州知事が7頭の象を使って取り除こうとしたが、失敗に終わったと言われている。インドの神、クリシュナがバターボールが大好物だったことから、この名前で呼ばれるようになったという。岩の周囲は公園になっていて訪れる人も多いが、日本にこんな石があったら、受験生でにぎわうに違いない。

▶12°37'08.5"N 80°11'32.7"E

Tassili n'Ajjer
タッシリ・ナジェール（左2点）
Tassili n'Ajjer Cultural Park, Algeria

アルジェリア南東、リビアとの国境も間近のタッシリ・ナジェールは、現サハラ砂漠が緑豊かなサバンナだった、約1万2千年前の壁画が残されていることで有名だが、奇岩が立ち並ぶことでも知られている。とくに地面に近い部分が強い風で叩きつけられる砂に削られ、くびれた岩、アーチ状の岩、左の写真（ハリネズミ岩）のような奇妙な形の岩がたくさんある。▶24°35'44.3"N 9°43'33.9"E

Balanced Rock in Colorado
コロラドのバランス岩（上）
Garden of the Gods, Colorado Springs, Colorado, USA

世界の「バランス岩」というと、必ずリストに上がるのが、このアメリカ、コロラド州のガーデン・オブ・ザ・ゴッズ公園（106頁）の倒れそうで倒れない岩だ。すぐ下には車道があり、通り過ぎる車はヒヤヒヤするに違いない。岩は酸化鉄を多く含んだ赤い砂岩で、重さは600トンとも700トンとも言われるが、公式の数値はないようだ。▶38°51'53.2"N 104°53'51.0"W

Kjeragbolten
シェラーグ
ボルテン
Rogaland, Norway

シェラーグボルテンの岩はノルウェー、ローガラン県のイェラグ山の二つの岩壁に挟まって宙に止まっている。人が乗ってもびくともしないというので、岩の上で記念写真を撮る人が多い。岩の下は深い峡谷の断崖絶壁だ（上の写真は岩の上から撮ったもの）。SNSの普及で岩に乗る人が年々増えており、行列ができるほどまでになってしまったというから、いつまでもちこたえられるか心配ではある。
▶ 59°02'00.3"N 6°35'34.8"E

Arches National Park Balanced Rock
アーチーズ国立公園の バランス岩
Grand County, Utah, USA

コロラド州のアーチーズ国立公園（26頁）にも有名なバランス岩がある。長さ約39mの巨岩で、現地では実にスクールバス3台分の大きさと表現される。かつて近くにはこの岩と対になるような小さなバランス岩があったが、1970年代に崩落してしまった。
▷38°42'03.4"N 109°33'52.3"W

Brimham Rocks
ブリムハム・ロックス
Brimham Moor, North Yorkshire, UK

イギリス、ノース・ヨークシャーのブリムハム・ムアは奇岩で有名な場所だ。「躍る熊」「ドゥルイドの書き物机」など、さまざまな名前のついた岩があるが、最も有名なのが、この「Idol Rock（偶像の岩）」だ。重さ200トンとも言われる巨岩の下部は細く頼りない接続部でつながっており、まさに巨大なやじろべえのような状態になっている。まるでどこまで削ったら倒れるか、砂場の棒倒しのように、誰かがいたずらでもしたかのように見える姿だ。

▶54°04'55.9"N 1°41'12.2"W

Giants Playground
巨人の遊び場
Karas, Namibia

アフリカはナミビア南部、カラス地方のジャイアンツ・プレイグラウンドは、玄武岩の巨石が積み木のように重なっている場所だ。石垣のようにきちんと積み上がって見える所もあれば、小さな岩の上に不安定な形で大きな岩が乗っている所もある。写真は最も不安定な石組みのひとつだ。高い岩の壁のエリアに入ると、まるで迷路のように複雑に入り組んでいて、すぐに方向感覚を失ってしまうのだという。

▷26°27'57.2"S 18°16'18.5"E

Mexican Hat
メキシカン・ハット
San Juan County, Utah, USA

メキシカン・ハットはユタ州南東部のナヴァホ族準自治領の北辺にある。上部のソンブレロ（メキシカン・ハット）のようなディスク状の岩は幅約18m、厚さ約3.7mという巨大さ。コマのように今にもゆらゆらと揺れそうな姿だ。
▷37°10'25.0"N 109°50'55.5"W

The Cheesewring
チーズリング（左頁）
Bodmin Moor, Cornwall, England, UK

チーズリングとはチーズ絞り機のこと。イングランド南西部の荒野に点在する花崗岩の露頭は浸食と風化でさまざまに奇妙な姿を見せるが、このコーンウォール地方、ボドミン・ムアにある岩は最もユニークなものの一つだ。ディスク状の岩を重ねたような形に見える。すぐ近くには「悪魔の椅子」と呼ばれる岩もある（左）。
▶50°31'31.1"N 4°27'33.6"W

Jizo Iwa
地蔵岩（上）
三重県三重郡菰野町、御在所岳

三重県菰野町の御在所岳山頂付近、二つの柱状の岩の上部に挟まる形で四角い岩が乗っている。これを人型に見立てて、地蔵岩と呼ばれている。この角度から見るとやや不安定に見えるが、横からみると左右の柱状の岩はかなり厚みがあり、上部の岩はしっかりとおさまっている。上に人が乗っても今のところ大丈夫だ。
▶35°01'12.3"N 136°26'03.5"E

The Vingerklip
岩の指
Kunene Region, Namibia

ザ・ヴィンガークリップ（岩の指）はナミビア中北部のウガブ渓谷にある。一帯はウガブ川が形成した厚い堆積層が深く侵食され、テーブルのようなウガブ高地と低地とが形成された。「岩の指」は高地から切り離された小島のようなものだが、断面の大きな礫を含んだ層を見るとかつての川の流れの強さが伺える。岩は高さ35mだ。この近くには以前ムゴロブ（神の指）と呼ばれる似たような岩（左）があった。「岩の指」よりも小さな岩だったが、下が非常に細くくびれていたため、地震などの影響で1988年に崩落してしまったのだ。▶20°22'58.3"S 15°26'01.9"E

Big Bend Balancing Rock
ビッグ・ベンドのバランス岩
Big Bend National Park, Brewster County, Texas, USA

アメリカ、テキサス州西端に広がるビッグ・ベンド国立公園は面積3千㎢以上（東京都の約1.5倍）ある、希少な動植物の宝庫だ。切り立った崖下を流れるリオ・グランデ川がメキシコとの国境になっている。グレープ・ヴァイン・ヒルの上にあるこのバランス岩の場所からは公園を見渡す絶景が広がっている。この公園は「世界で最も（星を見るに適した）黒い空10選」に選ばれ、星を見に行く人も少なくないようだ。
▶29°23'56.2"N 103°12'11.3"W

Flying Boat Formation
飛行艇フォーメーション
Harare, Zimbabwe

南アフリカの国ジンバブエの岩といえば、石積みの迷宮グレート・ジンバブエ遺跡が有名だが、国のあちこちに、崩れそうで崩れないバランス岩があることでも知られている。21世紀に入って猛烈なインフレを経験し、ついに100兆ドル紙幣が作られたジンバブエ・ドルのデザインにもバランス岩が使われていた。自国経済のバランスの良い成長を願ってのシンボルだったのかもしれないが、2015年にジンバブエ・ドルは崩壊、自国通貨は廃止されてしまった。この岩は首都ハラレの近郊にあるもので、飛行艇型と呼ばれている。
▶ 17°53'13.2"S 31°07'51.4"E

岩に住む、
岩に眠る

人は石を積み上げて堅牢な家屋を、施設を造ってきたが、
世界には柔らかい岩をくりぬいてそのまま住居に、要塞にしてきた土地がある。
また、大きな巌(いわお)をそのまま巨大な墳墓とした文化もある。
人為と自然の造形が絶妙なバランスで融合した、
不思議な光景を紹介する。

Cappadocia
妖精の煙突
Göreme, Nevşehir, Turkey

トルコ中部、アナトリア高原の中心に位置するカッパドキアは奇岩の国だ。約800万〜300万年前の火山噴火による堆積物によってできた地層が深く侵食され、「妖精の煙突」と呼ばれる奇岩が並ぶ異様な光景が生まれた。人びとは奇岩を利用して生きてきた。凝灰岩の柔らかい岩をくりぬき、住居に、初期キリスト教の礼拝堂に、修道院に、さらには要塞に作り上げた。ギョレメ谷はその中心に位置し、一帯は「ギョレメ国立公園およびカッパドキアの岩石遺跡群」として、ユネスコの世界遺産に認定されている。
▷38°38'35.3"N 34°49'48.0"E

カッパドキアの奇岩群

カッパドキアの奇岩のほとんどは火山噴火によって降り積もった火山灰が岩石になった凝灰岩が雨水の流れに削られてできたものだ。凝灰岩の層の上に固い火山岩（溶岩）の層が重なっている場所もあり、そうした所は固い岩を帽子のように乗せた細長い姿になっている。アメリカ南西部のフードゥー（8頁）と同じしくみでできた形だ。大きなものは住居や教会、要塞（下）として利用された。現在も人が住んでいる岩が多く、岩窟ホテルもある。また、カッパドキアには岩盤を深く掘り抜いて作ったいくつもの巨大な地下都市があり、現在も新たなものが発見されている。その起源も全体の規模も謎のままだ。

Stone Grave in Bori
タナトラジャの巨岩墓
Tana Toraja, Sulawesi, Indonesia

インドネシアのスラウェシ島南部の山間地にくらしているトラジャ族には祖霊信仰に基づく独特な葬送、埋葬の風習がある。死者の赴く世界は現世に大きな力を与えるものとしてとらえられ、遺族は遺骸と共に長い時間を過ごし、特権階級は贅を尽くした葬儀を行うし、岩をくりぬいた岩窟墳墓に遺骨を納めくさた。墓穴の前にはしばしば生前の姿を写した木彫りの人形がおかれ、生者の住む世界を見下ろしている。写真は大きな岩塊をそのまま墳墓として使っているもので、個々の穴はひとつの家族の墓として使われている。

▶2°55'13.0"S 119°55'10.3"E

Mada'in Saleh
マダイン・サーレハ
Mada'in Saleh, Al-Madinah, Saudi Arabia

サウジアラビアの北西部に位置するマダイン・サーレハには、紀元前2〜紀元1世紀頃、キャラバン貿易で栄えたナバテア王国の都ヘグラの遺跡がある。王国の首都であったペトラ（現ヨルダン）に次ぐ都市ヘグラは日干しレンガで建造されたため、現在は大部分が風化し砂に埋もれているが、有名なペトラの石窟群と同時期に作られた、自然の岩塊を掘り抜いて作られた墳墓群は埋もれることなく、往時の国力、技術力の高さを誇示している。また自然の岩塊であることが生み出す独特な荘厳さをも湛えている。111もの墳墓の中でも最も大きく、印象的な姿のこの墓、カサール・アル・ファリド（右）は未完成で、入り口下部は粗削りのままだ。

▶26°46'26.5"N 37°57'40.1"E

Casa do Penedo
石の家
Fafe mountains, Norte, Portugal

ポルトガル北部のファフェ山地にあるカーサ・ド・ペネード（石の家）は四つの花崗岩の岩塊を「建材」として使用した家だ。岩はもともとそこにあったもので、1970年代前半に個人の別荘として作られたが、観光客が集まるようになり、現在は博物館になっている。ユニークな姿だが、ポルトガルで巨石を使った家はこれだけではない。中東部のモンサント村には、中世に作られた似たような様式の家屋が複数残っている（右）。岩塊を壁に、屋根に、階段にして堅牢さを確保した家屋は、ポルトガルの伝統ある建築方法のひとつだといっても間違いではない。 ▶41°29'17.4"N 8°04'04.0"W
モンサント村 ▶40°02'21.1"N 7°06'52.2"W

Piedra del Peñol
ピエドラ・デル・ペニョール
Guatapé, Antioquia, Colombia

南米コロンビア北部にあるピエドラ・デル・ペニョール（ペニョールの岩）は、高さ200mを越える巨大な花崗岩質の一枚岩、小山岩頸（39頁）だ。まるで縫い目のように見えるジグザグは岩の亀裂に作られた頂上へと昇る階段で、675段ある。この岩にはル・ペニョン・デ・グアタペ（グアタペの岩）というもうひとつの名がある。グアタペとペニョールという二つの町の境にあるため、領有を巡って争いが続いているのだ。グアタペの者が所有を主張するため岩にペンキで大きくGUATAPEと書こうとして、騒動になった。現在でも岩肌にGとUの字の一部がくっきりと見える（左）。かつて先住民のタハミ族はこの岩を神聖視していた。現在、岩にはマリア像が置かれており、岩は世俗的にも宗教的にも制圧されたと言っていいのかもしれない。
▶6°13'10.5"N 75°10'44.4"W

The Lion Rock of Sigiriya
獅子の岩
Sigiriya, Matale, Sri Lanka

スリランカのシーギリヤは高さ200mの巨大な岩塊だ。これもまた火山内部のマグマの通り道が固まった火山岩頸(39頁)だ。5世紀のシンハラ王国のカッサパ王が要塞を兼ねた王宮(頂上に建てられた)として作りかえたと言われている。岩の上に上がる入り口には獅子の足が彫り上げられており、これがシーギリヤ(獅子の岩)の名の元になっている。カッサパ王亡き後は仏教の僧院として使われた。数多くの微笑む女性のフレスコ画が残っており、ユネスコの世界文化遺産に認定されている。世界で4番目に大きな一枚岩と考えられている。▶7°57'25.4"N 80°45'35.7"E

Wulingyuan
武陵源・袁家界

中華人民共和国、湖南省、張家界市武陵源

中国、湖南省張家界市の武陵源の奇景を見れば、誰しも「仙人が住んでいそう」と思うに違いない。3千を超える、高さ200〜300mの岩山というより石柱が並ぶ光景は、まさに仙境と呼ぶにふさわしい。石柱は侵食された珪質砂岩だ。張家界は奇岩の立ち並ぶエリアで、この名は前漢の初代皇帝劉邦の軍師であった張良が、粛清を恐れて逃げた場所だという言い伝えに基づいている。張良を追う軍勢はこの地にも迫ったが、引き返し、張良は後に仙人になったとも言われている。この地域にはトゥチャ族が住んでいるが、高い石柱の上にある村もある。水田があり、近年まで長い梯子を屹立する岩壁にいくつもかけて下界と村を行き来して来た。武陵源は映画『アバター』(2009)のモデルとしても知られている。

▶29°14'22.1"N 110°32'36.3"E

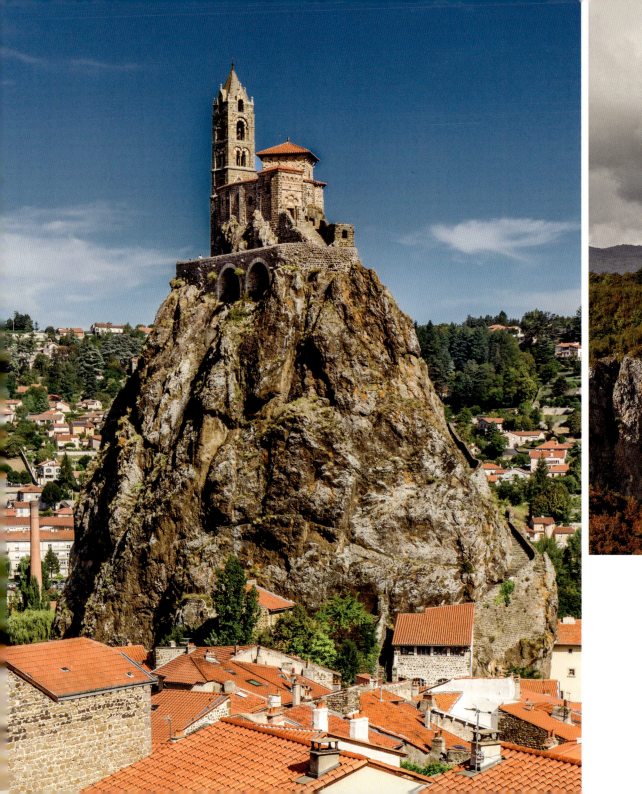

Le Puy-en-Velay
ル・ピュイ＝アン＝ヴレ
Aiguilhe, Haute-Loire, Auvergne-Rhône-Alpes, France

ル・ピュイ＝アン＝ヴレ（ヴレの岩山）はフランス、オート＝ロワール県のエギュイユ村に突き出た高さ約85mの円錐形の岩山だ。これもまた火山岩頸（39頁）で、頂上に聖ミカエルを祀る礼拝堂サン＝ミシェル・デギュイユが建っている。969年に造られたものだ。聖ミカエルを祀る教会や礼拝所は有名なモン・サン＝ミシェルやイギリスのコーンウォール地方にあるセント・マイケルズ・マウントなど、岩山の上にあることが多いが、これはヨーロッパ北部がキリスト教化される前の山岳信仰を起源とするものだと考えられている。▶45°02'59.9"N 3°52'56.8"E

Katskhi Pillar
カツヒの柱
Katskhi, Imereti, Georgia

ジョージア（グルジア）中西部、カツヒ村にある岩柱は「ジョージアのメテオラ」とも呼ばれる。ギリシアにある切り立った岩山の上の有名な修道院になぞらえたものだ。その名にふさわしく高さ約40m、面積約150㎡ほどの石柱の頂上にはかつて古い教会の廃墟があったが、いつ頃造られたものなのか、そもそもどうやって上に造ったのか地元の者も知らず、「命の石柱」として長く崇拝されていたという。調査により教会の廃墟は9〜10世紀頃のものと判明、現在は新しい修道院が建てられており、金梯子で上り下りしている。▶42°17'15.5"N 43°12'56.9"E

魔の山、神々の庭

奇岩のある場所には「神の」または「悪魔の」といった
言葉がつく地名がたくさんある。
人の侵入を拒む峻厳な岩峰、巨大な巌、
いびつにねじ曲がった岩塊を前にして
人はそれを造り出した地学的時間の厚みに圧倒されつつ、
背後に人智の及ばぬ超自然の存在を感じてきた。
荘厳さ、神聖さを感じさせる場所、不吉さ、妖気を感じさせる場所、
多くの伝説を、物語を生んできた奇岩の場所の数々を紹介する。

Garden of the Gods
ガーデン・オブ・ザ・ゴッズ
Colorado Springs, Colorado, USA

アメリカ、コロラド州のガーデン・オブ・ザ・ゴッズ公園内には77頁で紹介したバランス岩の他、錐形にするどく突き出した奇岩が多い。1859年、コロラド・シティの建設に関わった測量士が、景観にこの世ならざる神秘の印象を受け、「神々の庭」という名をつけたと言われている。そのためか、公園内には「バベルの塔」「大聖堂」「三美神」などの名がつけられている岩が多い。右は最もユニークな岩山で「大聖堂の尖塔」と呼ばれている。
▶38°52'36.0"N 104°52'52.7"W

Adršpach-Teplice Rocks
市長とその妻
Hradec Králové, Czech

チェコ、ポーランドとの国境も近いボヘミア地方北東の端、アドルシュパフとテプリツェという小さな村にはさまれた面積約17.7km²のエリアに、激しく風化した砂岩の石柱が林立する不思議な風景が広がっている。19世紀末から観光地として多くの人を集め、岩はさまざまなものに見たてられ、名づけられた。「恋人たち」「安楽椅子」「象の広場」。写真の岩は「市長とその妻」と呼ばれているが、確かに古びた木偶人形のようにも見える。この場所はC. S. ルイスの有名なファンタジーを映画化した『ナルニア国物語／第1章：ライオンと魔女』(2005) やチェコの映画作家ヤン・シュヴァンクマイエルの映画『ファウスト』(1994) のロケ地としても知られている。
▶ 50°36'37.0"N 16°06'59.1"E

Devil's Fire
悪魔の火
Clark County, Nevada, USA

デヴィルズ・ファイアーはアメリカ、ネヴァダ州の南の外れ、モハベ砂漠の中にある小さなエリアの通称だ。「リトル・フィンランド（小さなヒレの地）」、「ホブゴブリンの遊び場」の名でも知られる。赤い砂岩が風に削られてヒレ状になり、羽根の生えたガーゴイルのような姿をした岩が並ぶ、奇怪な景勝地だ。「悪魔の」「ゴブリンの」といった名の付く奇岩地帯は多いが、写真の岩が最もそれらしいかもしれない。すぐ西には広大なヴァレー・オブ・ファイアー州立公園があり、こちらにも「象の岩」など、赤い砂岩の奇岩がある。
▶ 36°27'06.8"N 114°12'54.1"W

Totem Pole
トーテム・ポール
Monument Valley, Navajo Nation, Arizona, USA

モニュメント・ヴァレー（40頁）は、すそ野の広がった、どっしりと安定感のある岩山が多いが、刻々と風化しており、ビュート（孤立した丘）の上部が石柱状にばらけて、手の指のような、ミトンのような形になっているものがある。最も激しく風化し削られてできたのが、この「トーテム・ポール」だ。高さは実に約100m以上もある。トーテム・ポールとは北米西北部に住む諸部族が作る動物や紋章を彫りこんだ柱のことだが、この地に住むナヴァホ族にはそうしたものを作る習慣はない。入植者か探検家がつけた名だ。
▶ 36°55'44.1"N 110°02'51.1"W

Devils Tower
悪魔の塔
Crook County, Wyoming, USA

ワイオミング州北東部にあるデヴィルズ・タワーはS.スピルバーグ監督のSF映画『未知との遭遇』(1977)で世界的に有名になった。基底部から頂上まで265mある。1906年にセオドア・ルーズベルトによって米国初のナショナル・モニュメントに指定されたことでも知られる。表面に無数の掻き跡のような形があるため、先住民はこの岩を熊の霊信仰から「熊の家」(英語でBear's House)と呼んで敬っていたというが、初期の探検家がBear'sをBad'sと聞き間違えたのか、悪い神の住み家と間違って解釈したことからこの名がついたという。先住民の団体が公式の名前を変えるように請願したが、重要な観光資源だからとワイオミング州政府に拒否された。岩はシーギリヤなどと同様、玄武岩の火山岩頸(39頁)で、溶岩が冷える際、六角柱状に割れ目が入る柱状節理という現象によってこの独特な姿になっている。世界で5番目に大きな一枚岩とされている。▶44°35'25.2"N 104°42'54.9"W

Reynisfjara
石になったトロル
Vík, Vestur-Skaftafellssýsla, Iceland

レイニスフィヤラはアイスランドの最南端の海岸の名で、黒い砂浜が広がる、アイスランド有数の景勝地だ。背後にレイニスフィヤルの山があり、岩壁は柱状節理（112頁）によってできた壮麗な玄武岩の階段になっている。海側にはすぐ近くにレイニスドランガルの尖った岩山（上）が見えるが、これは夜中に帆船を陸に引き上げようとした3匹のトロル（北欧の伝承に登場する巨大な妖精）が、これに手こずり、朝日を浴びて石になってしまったものなのだと言われている。レイニスフィヤルには洞窟（右写真の右下端）があり、トロルたちは日の出前にここに逃げ込もうと考えていたのかもしれない。火山活動が活発なアイスランドならではのダイナミックな景観だ。▶63°24'12.3"N 19°02'45.6"W

Cete Cidades
七つの都市
Cete Cidades National Park, Piaui, Brazil

ブラジル北東部のピアウィ州にあるセテ・シダデス（七つの都市）は、はげしく風化したいびつな砂岩が広がる場所だ。塔のような細長い岩が多く、都市の廃墟のように見えるというので、この名がついた。全部で七つの「都市」があるが、「亀の石」（上）があるのは「第6の都市」だ。六角形の亀裂は堆積岩の表面の乾燥と収縮によってできたものだ。表面が溶けたようにみえる岩があり、エーリッヒ・フォン・デニケンが超古代に地球に来た宇宙人による核兵器によるものだと示唆したことでも知られる。神でも悪魔でもなく、宇宙人の関与が語られる奇岩地帯はここくらいかもしれない。
▶4°05'52.4"S 41°42'05.4"W

Giant's Causeway
巨人の舗道
County Antrim, Northern Ireland, UK

ジャイアンツ・コーズウェイは6千万年前の火山活動で形成された、北アイルランドの北岸に広がる玄武岩の岩場だ。柱状節理（112頁）により六角柱状に割れた岩が石畳状、階段状の奇景を作り出している。名前はアイルランドの巨人フィン・マックールがスコットランドの巨人ベナンドナーと戦うために作った舗道だという伝説に因んでいる。実際、柱状節理の岩は海底を延びて、スコットランドはヘブリデス諸島のスタッファ島まで続いている。イギリスのロックバンド、レッド・ツェッペリンの5作目のアルバム『聖なる館』のジャケット写真に使われたことでも有名だ。
▶55°14'28.9"N 6°30'42.9"W

Bungle Bungle
バングル・バングル

Purnululu National Park, Western Australia, Australia

バングル・バングルはオーストラリアの北西部、最後の秘境と言われるキンバリー地方の東端にある奇岩地帯だ。先住民キジャ族の聖地のひとつだが、白人による入植後、この地の地形は1980年代に飛行機が上空を飛ぶまで知られていなかった。「蜂の巣」と呼ばれる赤と茶の縞模様のドーム状の岩山が連なる。太古の沿岸で、砂と粘土が交互に堆積し、水分を多く含んだ粘土の堆積層にはバクテリアが繁殖して黒ずみ、砂の層は乾燥し鉄分が酸化し赤くなることで、この縞模様が作られた。堆積層はその後長い年月雨に侵食され続け、世界に二つとない景観が生まれた。▶17°29'08.0"S 128°22'42.2"E

Cracked Eggs
割れた卵の地
Bisti Badlands, San Juan County, New Mexico, USA

ニューメキシコ州のアーシスレパー・ウィルダネスに「エイリアンの玉座」があることは紹介したが（28頁）、すぐ北西のビスティ・バッドランズにはエイリアンの卵のような奇妙な丸石が並んでいる場所がある。「卵」は外殻と中身にわかれていて、まるで卵が「かえって」、割れているように見えるのだ。コンクリーション（19頁）ではなく、硬さの異なる岩が侵食の過程でこうした形になったようなのだが、なんとも異様な情景だ。「卵」には赤茶の縞模様があり、これがまた一種毒々しい印象を添えている。
▶36°16'02.6"N 108°13'25.3"W

Manpupuner
7人の巨人
Troitsko-Pechorsky, Komi Republic, Russia

ロシアはウラル山脈の西部、コミ共和国の南東の端に立つ7本の奇岩マンププニョルは、ロシア七不思議のひとつと言われる。右端の石の下にいる人物を見ていただければ、いかに岩が大きいかがわかるだろう。高さ32〜40mにもおよぶ巨石柱はかつてこの場所にあった山の残骸だ。積年の侵食と風化で山体がなくなった後、硬い雲母質珪岩だけが残った。地元に住むマンシ人の間には、かつて族長の美しい娘を要求して追いかけた巨人たちが神罰で岩に変えられたものだという伝説があるという。
▶62°15'34.6"N 59°17'40.7"E

Shilin
石林
中華人民共和国、雲南省、昆明市、石林イ族自治県

中国・雲南省昆明市の石林はその名の通り、頂部の尖った岩がまるで石化した樹木のように見渡す限り広がっている奇景だ。「石の木」は高さ30mにも及ぶが、これは古生代ペルム紀（約2億9千900万〜2億5千100万年前）の石灰岩層が深く侵食してできた形だ。ユネスコの世界遺産に「中国南方カルスト」として認定されたエリアに含まれる。石林はイ族の住む自治県内にある。地元には、かつて恋人との結婚を許されなかった娘が石に変わったという伝説がある。

▶24°49'02.9"N 103°19'30.7"E

ゴブリン・ヴァレー（30頁参照）

編者略歴

山田英春（やまだ・ひではる）

1962年東京生まれ。国際基督教大学卒業。出版社勤務を経て、現在書籍の装丁を専門にするデザイナー。著書に『巨石──イギリス・アイルランドの古代を歩く』（早川書房、2006年）、『不思議で美しい石の図鑑』（創元社、2012年）、『石の卵──たくさんのふしぎ傑作集』（福音館書店、2014年）、『インサイド・ザ・ストーン』（創元社、2015年）、『四万年の絵』（『たくさんのふしぎ』2016年7月号、福音館書店）、『奇妙で美しい石の世界』（ちくま新書、2017年）、編書に『美しいアンティーク鉱物画の本』（創元社、2016年）、『美しいアンティーク生物画の本──クラゲ・ウニ・ヒトデ篇』（創元社、2017年）がある。website: http://www.lithos-graphics.com/

写真クレジット （数字は掲載頁を示す）

山田英春──25上、42、43 (2点)、84、85 (右下)、90、91、92 (左下を除く)、93、94、95、99 (2点)、116 (2点)、117、118 (2点)、119

Adobe Stock──カバー表袖上 (Sumiko Scott)、51上中下 (Pierre-Jean DURIEU)、108上 (chaoss)、120下 (Rudolf Friederich)

Alamy Stock Photo──16-17 (age fotostock)、22左 (Keith Kapple)、23 (WEJ Scenics)、36、48-49、50-51 (blickwinkel)、86下 (Africa Media Online)

Dreamstime.com──49上 (Bouderda Youssef)、122上 (MikeModular)

Getty Images──120-121 (Frank Krahmer)

iStock.com──カバー表袖下 (OST)、カバー裏 (jalvarezg)、表紙、10-11 (OST)、37上下 (muha04)、49 (jalvarezg)、67下 (ZambeziShark)、80 (Dave-Carroll)、81上 (mddphoto)、88上 (Kalulu)

PIXTA──85上 (パレット)

Sergei Karpukhin──カバー裏袖下、52-53 (3点とも)

Shutterstock.com──カバー表 (wolfso)、カバー裏袖上 (Vladimir Melnik)、1 (Robert D Brozek)、2-3 (Denis Burdin)、6上 (Evelyn Dutra)、6-7 (sunsinger)、8上 (Dmitry Pichugin)、8下 (Judith Lienert)、8-9 (Johnny Adolphson)、11上 (Lijuan Guo)、11下、12 (U. Gernhoefer)、13 (robertonencini)、14-15 (abc1234)、15上 (Galyna Andrushko)、15下 (Isabella Pfenninger)、16上 (Julia Malsagova)、18-19 (Vaclav Sebek)、19上 (Josef Mandinec)、20 (Vladimir Melnik)、21① (Tomas Pavelka)、21③ (Eduardo Rivero)、21④ (Andrey Kuzmichev)、21⑥ (Sharon Day)、22右 (Galyna Andrushko)、24 (Jon Ingall)、25下 (gnohz)、26上 (John A Davis)、26下 (anthony heflin)、26-27 (Fernando Tatay)、28上 (Oscity)、28下 (Vicky SP)、29 (andrmoel)、30上 (VarnaK)、30下 (Christopher E. Herbert)、30-31 (IrinaK)、32 (CHC3537)、33② (Alex Krisan)、33③ (robert mcgillivray)、33④ (Elena Dijour)、33⑤ (Zack Frank)、33⑥ (Denis Burdin)、33⑦ (krivinis)、33⑧ (Sergeev Kirill)、33⑨ (humphery)、33⑩ (Marketa Mark)、34上 (Oana Raluca)、34下 (Pixachi)、34-35 (cge2010)、38 (Visual Collective)、39 (Filip Fuxa)、40-41 (Elena_Suvorova)、44上 (Frank Fichtmueller)、44中 (IrinaK)、44下 (Suttipun Sungsuwan)、44-45 (Lucky-photographer)、46 (Parshin Anton)、46-47 (Banana Republic images)、54 (Damian Ryszawy)、54-55 (Pierre-Yves Babelon)、56上 (Chr. Offenberg)、56下 (Pierre-Yves Babelon)、57 (hecke61)、58上 (Photos Time)、58-59 (Alfredo Ruiz Huerga)、60-61 (Berzina)、61上 (evantravels)、61下 (Irina Sen)、62-63 (Sergey Dzyuba)、63上 (David Salcedo)、63下 (Eduardo Estellez)、64 (Scott Prokop)、64-65 (Arto Hakola)、66-67 (Uwe Bergwitz)、67上 (David Steele)、68 (D'July)、68-69 (Ursula Perreten)、70 (Artisan Shoppe)、71 (ProDesign studio)、72-73 (totajla)、73上 (Ian Crocker)、73中 (Michael Smith ITWP)、73下 (Edward Haylan)、74-75 (Alexander Narraina)、75 (Jayakumar)、76左 (Dmitry Pichugin)、76右下 (sunsinger)、76-77 (John Hoffman)、78左 (Feel good studio)、78右 (Peter Stein)、79 (Iliyan Petrov)、81下 (orxy)、82-83 (Oscity)、86上 (Victoria Lipov)、87上 (Eric Foltz)、87下 (Wisanu Boonrawd)、88下 (Tawanda Kapikinyu)、88-89 (Yury Birukov)、96上 (Hugo Brizard - YouGoPhoto)、96下、96-97 (cpaulfell)、98上 (Nessa Gnatoush)、98下 (ahau1969)、100-101 (givaga)、101上 (Nuwan Liyanage)、101下 (evenfh)、102-103 (Pavel Dvorak jr)、103上 (leodaphne)、103下 (Vadim Petrakov)、104 (milosk50)、105 (MehmetO)、106 (John Hoffman)、107 (Cheryl E. Davis)、108下 (chaoss)、108-109 (Radoslaw Maciejewski)、110 (U. Gernhoefer)、111 (Keneva Photography)、112下 (MCKaske)、112-113 (David Harmantas)、114 (Smit)、114-115 (T-Tell)、120上 (Patrick Poendl)、122 (Tatiana Kholina)、122-123 (Sergei Proshchenko)、124下 (happystock)、124上 (Alvaro Candia)、124-125 (Andrii Zhezhera)、126-127 (canadastock)

wikimedia commons──21② (Brocken Inaglory)、21⑤ (Alensha)、58下 (Bruno Barral)

奇岩(きがん)の世界(せかい)　2018年2月20日第1版第1刷　発行

編者──山田英春
発行者──矢部敬一
発行所──株式会社創元社
http://www.sogensha.co.jp/
本社 〒541-0047 大阪市中央区淡路町4-3-6　Tel.06-6231-9010 Fax.06-6233-3111
東京支店▶〒162-0825 東京都新宿区神楽坂4-3　煉瓦塔ビル　Tel.03-3269-1051
ブックデザイン──山田英春
印刷所──図書印刷株式会社

©2018 Hideharu Yamada, Printed in Japan
ISBN978-4-422-44013-2 C0044
〈検印廃止〉落丁・乱丁のときはお取り替えいたします。

JCOPY 〈出版者著作権管理機構 委託出版物〉
本書の無断複写は著作権法上での例外を除き禁じられています。
複写される場合は、そのつど事前に、出版者著作権管理機構（電話 03-3513-6969、FAX 03-3513-6979、e-mail: info@jcopy.or.jp）の許諾を得てください。